新雅・知識館

生命之旅——認識人生的各種經歷

作者：瑪莉・霍夫曼（Mary Hoffman）
繪圖：蘿絲・阿思契弗（Ros Asquith）
翻譯：馬炯炯
責任編輯：陳友娣
美術設計：游敏萍
出版：新雅文化事業有限公司
香港英皇道499號北角工業大廈18樓
電話：（852）2138 7998
傳真：（852）2597 4003
網址：http://www.sunya.com.hk
電郵：marketing@sunya.com.hk
發行：香港聯合書刊物流有限公司
香港荃灣德士古道220-248號荃灣工業中心16樓
電話：（852）2150 2100
傳真：（852）2407 3062
電郵：info@suplogistics.com.hk
版次：二〇一九年一月初版
二〇二〇年十二月第二次印刷

ISBN: 978-962-08-7129-0

First published in 2019 by Lincoln Children's Books, an imprint of The Quarto Group,
The Old Brewery, 6 Blundell Street, London N7 9BH, United Kingdom.
T (0)20 7700 6700 F (0)20 7700 8066 www.QuartoKnows.com

18/F, North Point Industrial Building, 499 King's Road, Hong Kong
Published in Hong Kong
Printed in China

每次翻到新一頁，
你都能找到我嗎？

生命之旅

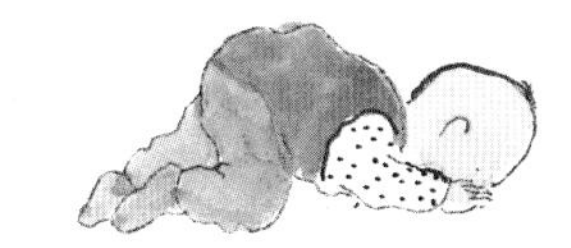

——認識人生的各種經歷

瑪莉．霍夫曼 著

蘿絲．阿思契弗 圖

新雅文化事業有限公司

www.sunya.com.hk

生命的開端

人類真的很了不起！

看看你的四周，所有加工製造出來的事物，包括書本、家具、建築物、玩具、火車、道路、單車，都出自像你這樣的人類的腦袋。起初只是一小點的想

法，慢慢變成真實。

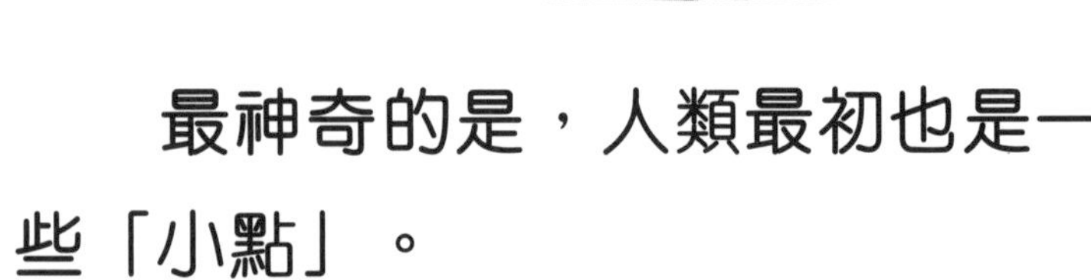

最神奇的是，人類最初也是一些「小點」。

我們原本可以說都是女性身體裏的一組細胞，十分細小。當一男一女的細胞結合，它們就開始長大，成為胎兒。胎兒在媽媽肚子裏吸收養分，慢慢發育成形。

雖然小時候
我們是小不點，
但長大後卻不同凡響！
貓咪
做了些什麼呢？

嬰兒時期

小寶寶在媽媽肚子裏，要待上大約九個月，才會來到這個世界上。

怎樣出生

雖然你記不住自己出生時的情形，但在你認識的人當中，誰有小寶寶呢？你還記得剛出生的小寶寶是怎樣的嗎？

我餓了！

我很熱！

屁股好痛啊！
我好累。

我尿尿了！

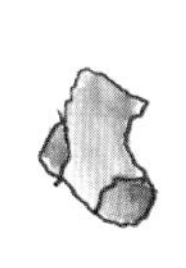 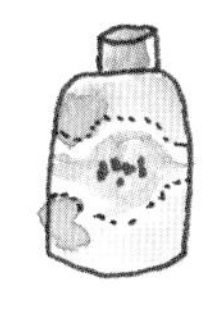 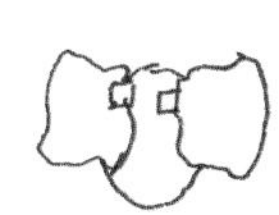 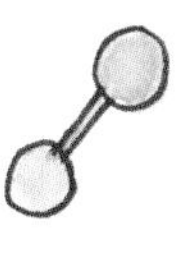    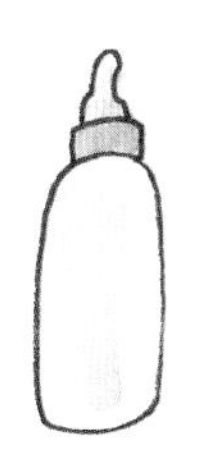

初生嬰兒非常幼小和無助，自己做不了什麼，只懂放聲大哭。而且，他們還不懂用詞語來表達，所以哭聲就代表了一切。要到六周左右，他們才會多點笑容。

我要托着小寶寶的
小腦袋，因為他的
頸部還不夠力。

我已經六
周大，學會
了微笑！

如果人類的小寶寶要學會說話和走路才出生，這時他們長得太大，媽媽的肚子裝不下了，而且他們出生時也很困難。

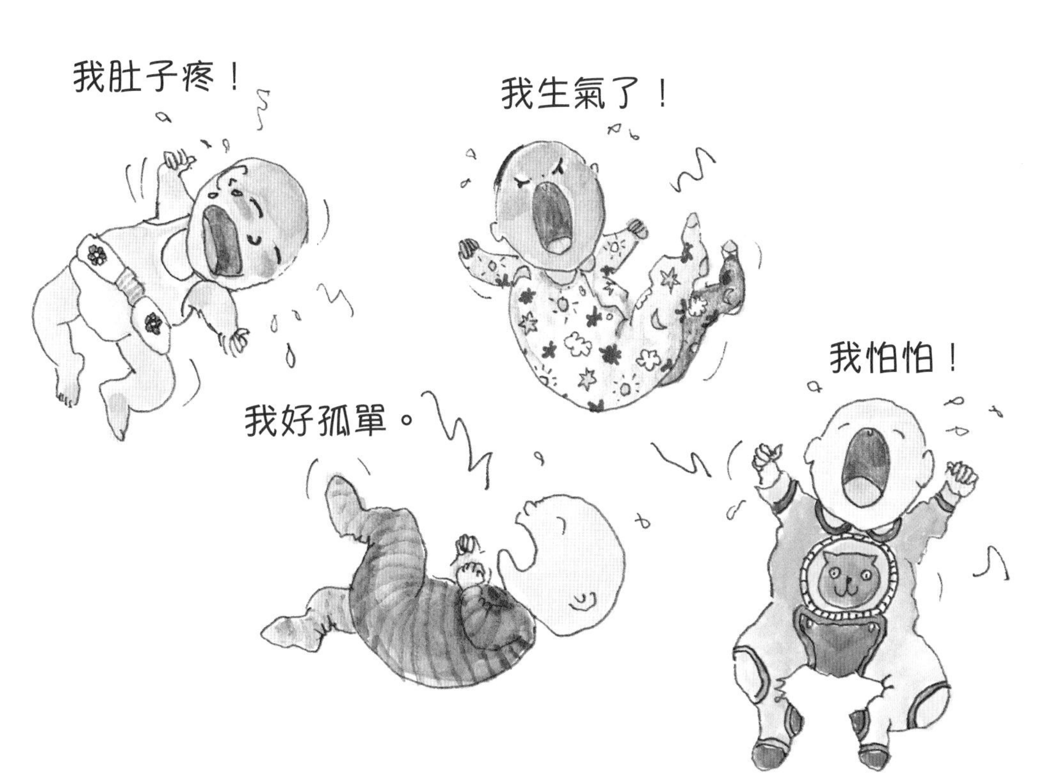
我肚子疼！
我生氣了！
我好孤單。
我怕怕！

我很冷。
小寶寶可能很無助，
但他們都很會哭！

寶寶的成長

按着每周、每月的成長步伐，小寶寶學會了辨認身邊的人，懂得笑、抬起頭、自己翻身、坐起來，然後慢慢爬。

他在笑呢！
她會走路了！

他們會拍手、吹泡泡、開心地笑、皺眉、拿着玩具、望着書本、吮手指、撥弄頭髮。不久，他們已學會扶着家具的一角，自己站起來了。

到他們學會了走路，就不再是嬰兒，而是學步兒了。

哎喲！

睡眠

噓，你們會吵醒
小寶寶的。

如果你對小寶寶有一點點認識，應該知道他們白天大部分時間都在睡覺。有趣的是，他們在晚上不會睡得那麼熟！

小寶寶出生後至少首六周裏面，父母兩人都睡得很少。他們在晚上要多次起牀，去餵他們的小寶寶。這是因為寶寶的肚子太小了，每次只能喝很少奶，分量不足夠撐到第二天早上。

外婆說，小寶寶在吵鬧
聲中睡覺是沒問題的。

過了一會兒……

噓！你會吵醒
小寶寶的！

有些小寶寶要花好幾年時間，才學會一覺睡到天亮——這些寶寶都有一對看起來很疲累的父母。

每個人在一生中都需要充足的睡眠，好讓腦袋和身體能好好休息。如果睡眠不足，第二天就沒有精神，而且整日都很暴躁。

她睡得夠嗎？
她睡得夠，
但我不夠。

猜猜誰昨晚
睡得好？

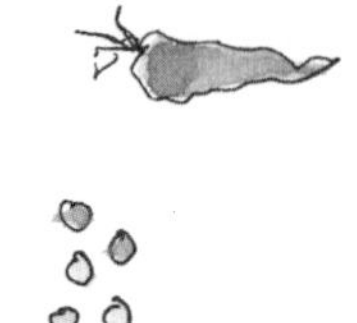

吃和喝

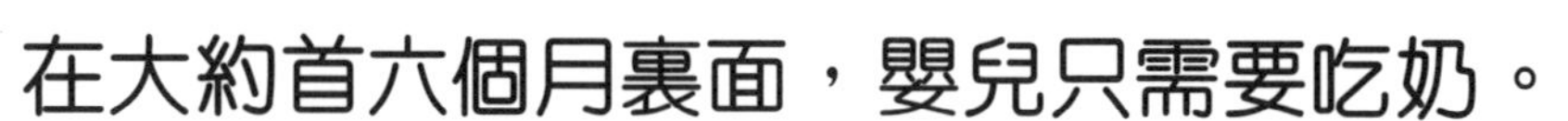

在大約首六個月裏面，嬰兒只需要吃奶。

接着，他們開始嘗試新的食物，並且弄得一團糟。他們需要一些時間，學習怎樣使用勺子，以及將食物放到適當的位置。

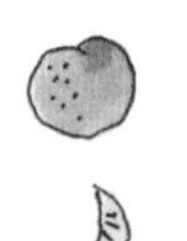

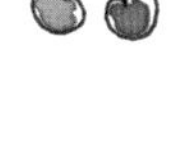

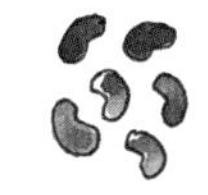
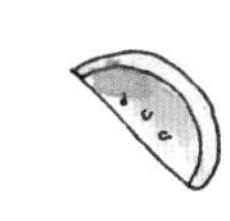
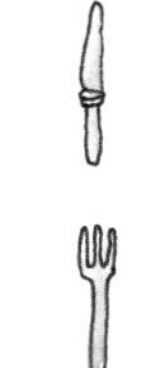
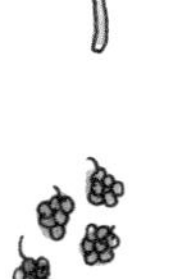

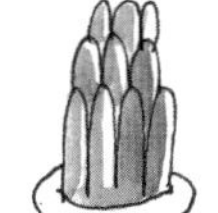

我們不應該給她打扮成公主，
她只吃士多啤梨和忌廉！

有些寶寶什麼都吃，有些則很挑食，像某些成年人一樣。我們都有自己喜愛的食物，也有不喜歡吃的東西。

可是，所有人都要吃不同種類的食物，才能保持健康和活力。

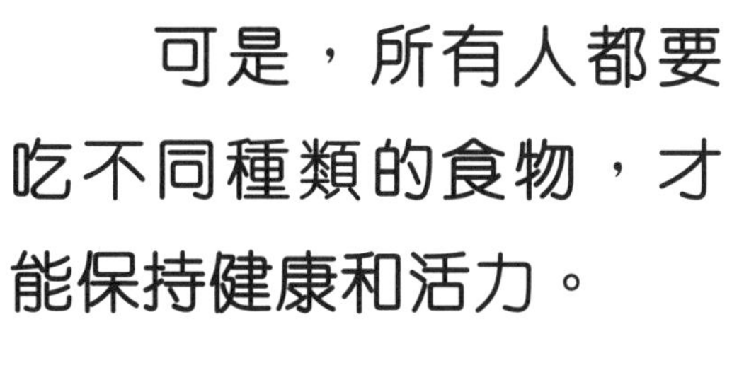

有益的食物
果仁
水果
蔬菜
魚
我想我現在只吃奶就好！

貓罐頭
貓罐頭
貓罐頭

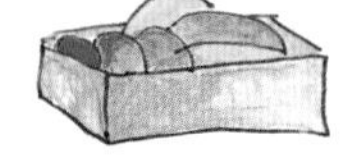

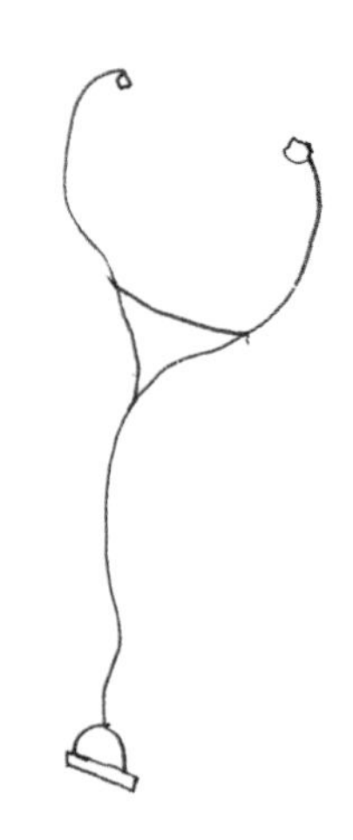
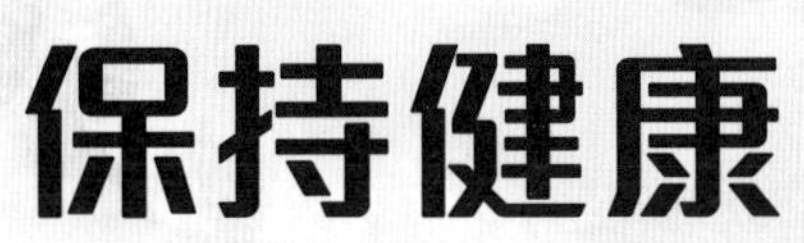
保持健康
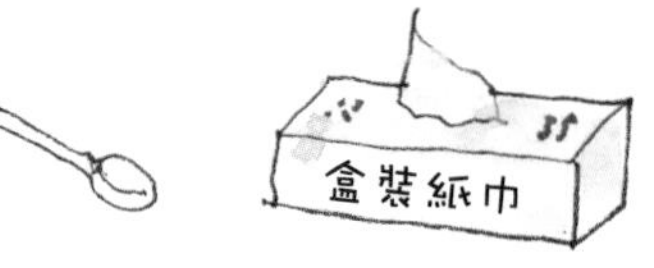
盒裝紙巾

初生嬰兒很容易感冒，因為他們的身體從未遇過病菌，沒有足夠的抵抗力。

診所

嬰兒剛出生就要接受疫苗注射，之後每隔一段時間，要注射不同類型的疫苗。痲疹、流行性腮腺炎、德國痲疹和水痘曾經是兒童常見疾病，但是有了疫苗之後，現在不是那麼普遍了。

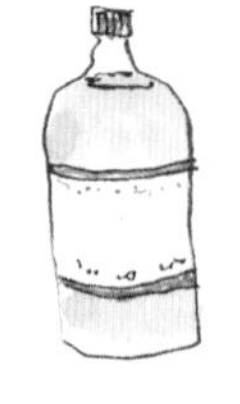

早日康復
我患了痲疹。
我臉上有患水痘留下的疤痕。
我臉上有雀斑！
我沒有斑點，但我有條紋。

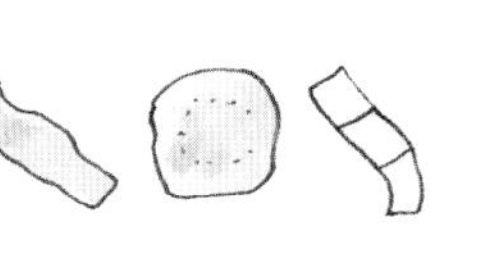

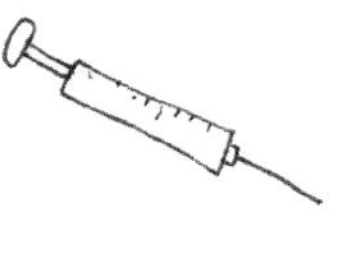

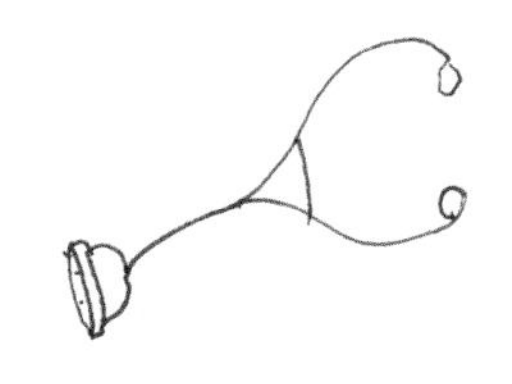
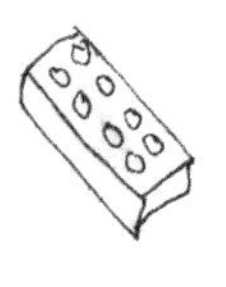

其他疾病，例如肺結核、天花、小兒痲痺症等，在能夠接受這些疾病疫苗注射的地區，也變得越來越少見了。

不用太擔心，你只是患了重感冒。
重感冒
輕微感冒

蒼蠅會感染病菌嗎？
蚊子會得瘧疾嗎？
北極熊會不會感冒？
蛇會中毒嗎？

如果你生病了，可以去看醫生。不過，有些疾病沒有疫苗，就如感冒，我們終生都有機會患上，無法完全防止。

啊——嚏！

用紙巾擦擦吧！

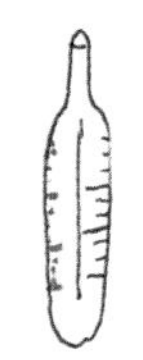

上廁所

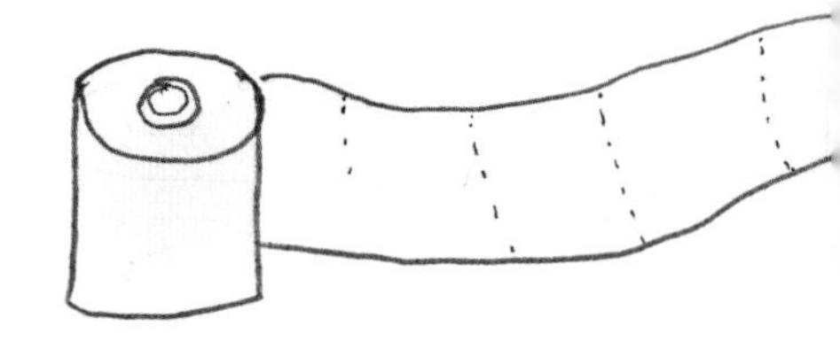

到了兩至三歲，小孩子開始懂得控制自己什麼時候、在什麼地方小便和大便。

不用再穿尿片，太好了！
尿片收集箱
尿片再見！呵呵！
尿片收集箱
噢……
尿片收集箱

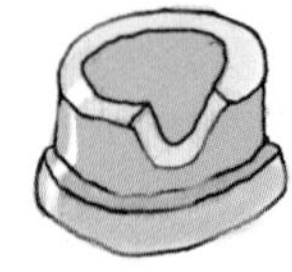

這時候，爸爸媽媽會為孩子買來幼兒便盆或幼兒馬桶座椅，讓他們學習上廁所。起初孩子使用時，不一定每次都順利，有些小人兒會生出意外，有些甚至學了好幾年，還是會尿牀。不過，到最後大家都會學懂怎樣上廁所。

你想用便盆來
便便嗎？

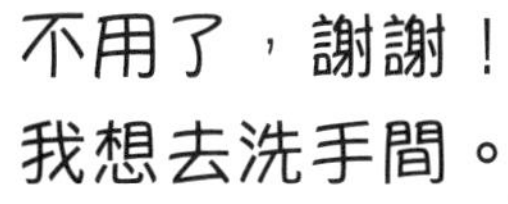
不用了，謝謝！
我想去洗手間。

可是有些生理現象，例如放屁和打噴嚏，就更加難控制了。

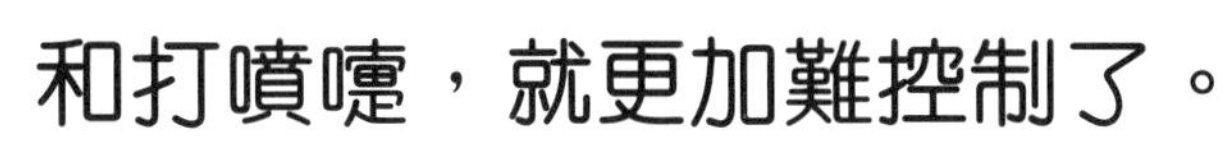

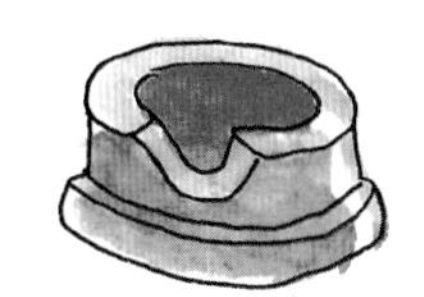

寶寶的語言

小寶寶牙牙學語時，所有聲音都是含糊不清的。接着他們會分辨出，在他們的語言裏面，哪些聲音是有意義的。最初他們一次只能說出一個字，不久就能把字組合起來，成為更長的詞語或句子。

「哇」表示「我餓了」。
「嗚」表示「我尿尿了」。
可惜沒有人會「喵」。
寶寶的語言

小孩子學說話時，有時會說些有趣的話，也會發明一些精彩的詞語，或為他們的玩具取新名字。

這是我的「控仔」！
我的！
「那」瓶
大「掌」

年紀越小，學習新語言時越容易，所以有些大人會覺得學習新語言很困難。事實上，很多家庭不只使用一種語言。

你們兩個自創了很了不起的字呢！
不，我說的是中文，而他在說荷蘭語呢！

「說」只是語言的一部分，我們還會「聽」、「寫」、「讀」。

就像英文雖只有26個字母，但通過不同的組合，可以造出成千上萬的字詞。奇妙的是，所有的英文詩歌、歌曲、圖書、戲劇、電影的內容，都是由這26個英文字母組成的。

我們用的是手語。

樹樹
「肥雞」
不是「肥雞」，是「飛雞」。

上學去

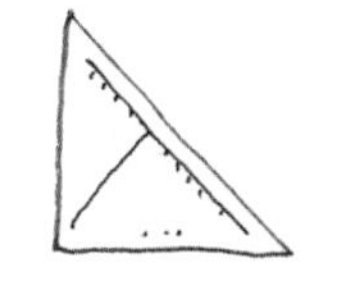

我們上學之後，閱讀和寫作變得更加重要。大部分人都會到學校讀書，可是有些人會在家裏上課。

我就是在家裏教
我的孩子的。

歡迎！你們將要非常
努力地學習！

蘋果 ✓
車厘子 ✓
蛋糕 ✗
名單

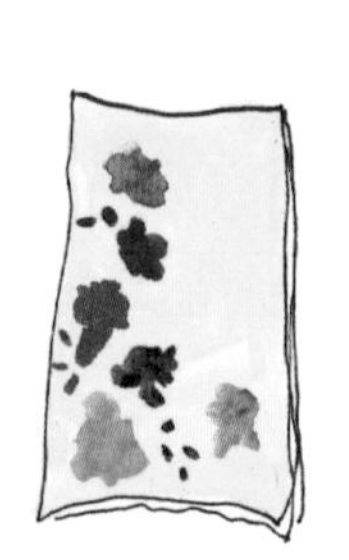

不論用什麼方法學習，學習在人的一生中都很重要。它能幫你得到工作、教你認識世界、享受各樣事物。而且，你會在學習過程中認識到朋友，有些友誼甚至可以維持一輩子。

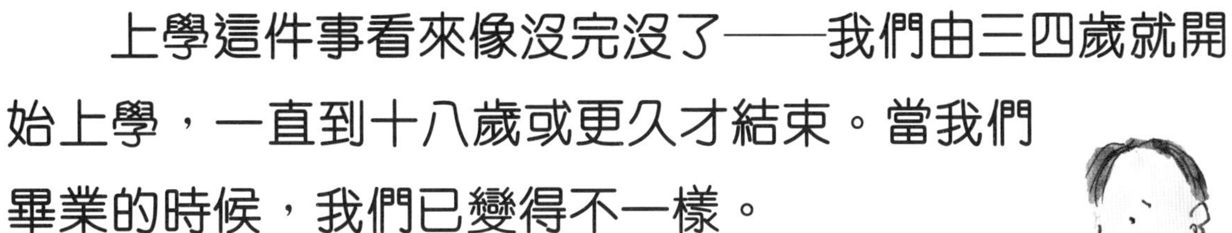

上學這件事看來像沒完沒了——我們由三四歲就開始上學，一直到十八歲或更久才結束。當我們畢業的時候，我們已變得不一樣。

美術

不過，我們能夠上學讀書，是一件幸運的事。很多地方的孩子並沒這樣的機會。

爸爸拜拜，
14年後再見！
不，下午
4點我們
會再見！

數學

我希望
我可以上學
讀書。

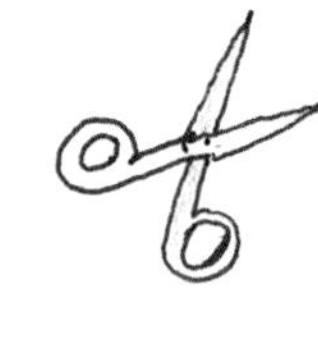

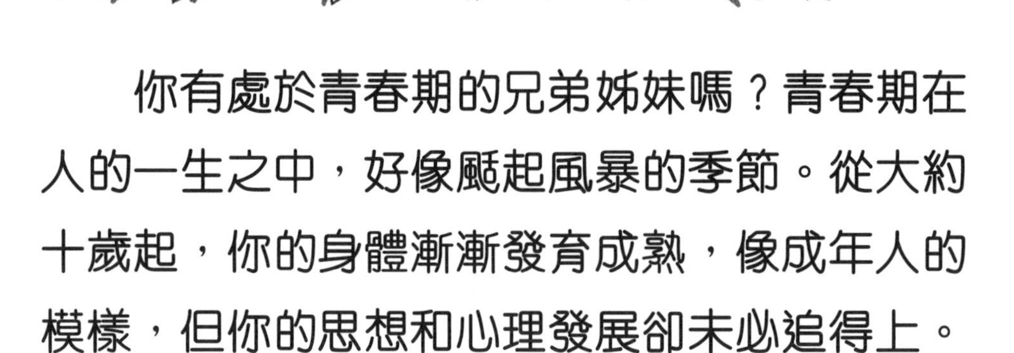

青少年時期

你有處於青春期的兄弟姊妹嗎？青春期在人的一生之中，好像颳起風暴的季節。從大約十歲起，你的身體漸漸發育成熟，像成年人的模樣，但你的思想和心理發展卻未必追得上。

其實你是個
可愛的
青年人。
可怕的
青年人

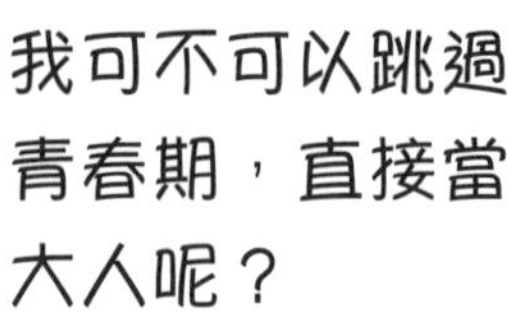
我可不可以跳過
青春期，直接當
大人呢？

十多歲的
貓，其實是
老貓了。

青少年有時很情緒化、變幻莫測，有時很可愛、很友善，有時以上各種面貌會在同一天內出現！

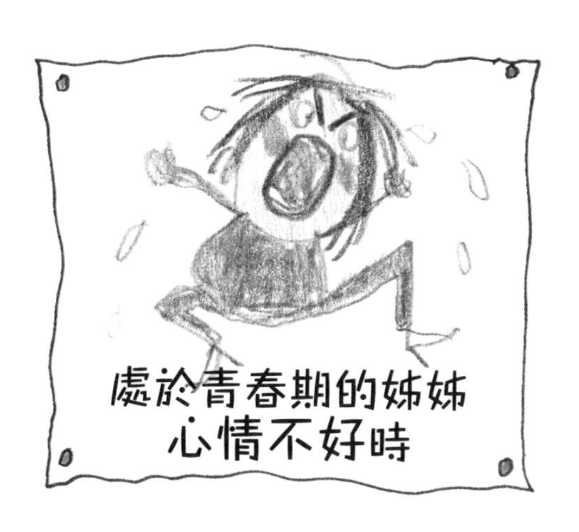
處於青春期的姊姊
心情不好時

處於青春期的姊姊
心情好時

他們要睡很久，早上很遲才起牀。而且他們經常很晚才睡覺，喜歡聽音樂和玩電子遊戲。

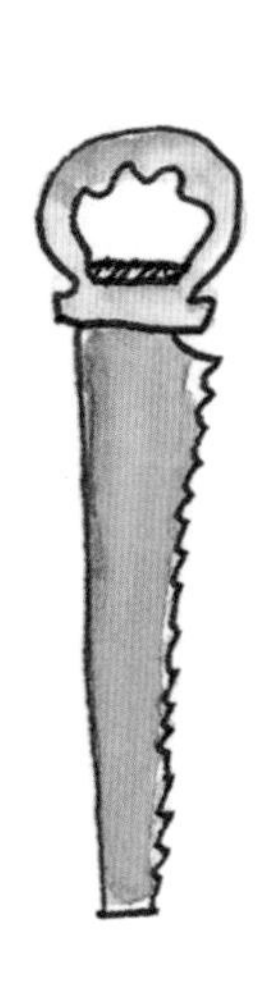

上班去

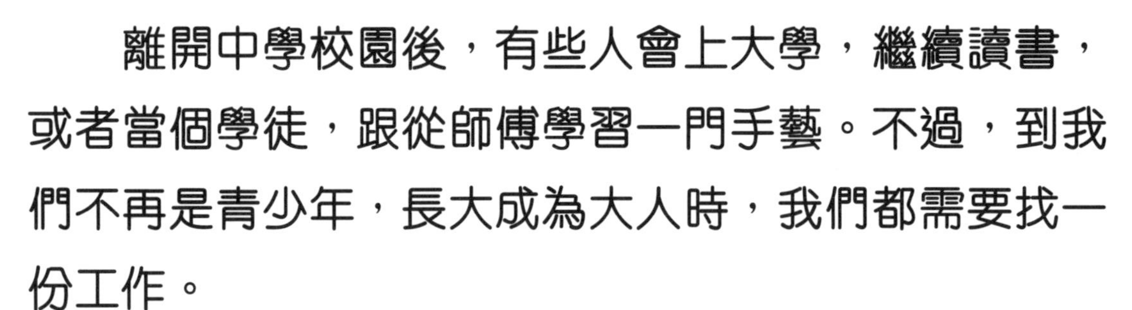

離開中學校園後，有些人會上大學，繼續讀書，或者當個學徒，跟從師傅學習一門手藝。不過，到我們不再是青少年，長大成為大人時，我們都需要找一份工作。

醫生
歌手
足球員
巴士司機
建築工人
髮型師
我是藝術家！
教師
太空人
我也是！

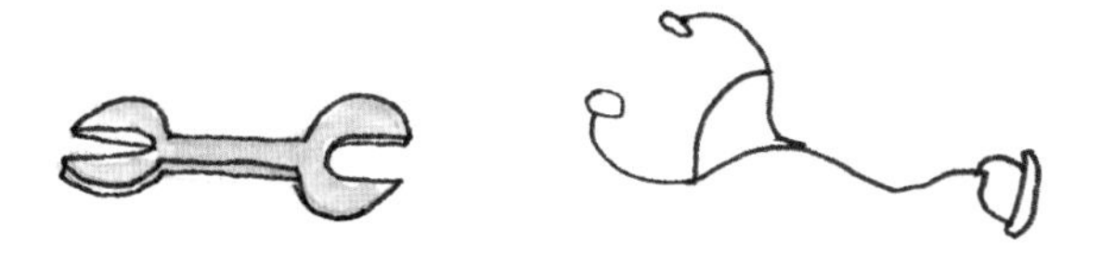

有些人很幸運，能在家裏或其他地方找到自己喜歡的工作。有些人的工作雖然不是自己的理想職業，或者不是自己喜歡的，但仍然會去做。因為對很多人來說，找工作本來就不容易。

科學家
清潔員
作家
音樂家
老闆
火車司機
水喉技工
漁夫
獸醫
我會一直當一隻貓。

人生伴侶

成年人通常會找一個自己喜歡的伴侶，常常待在一起，甚至與這個人共度餘生。他們可能在青少年時期已找到這個伴侶，或者年長一點時才找到。

我第32個男朋友，他應該是我要找的人。

在找到自己的人生伴侶之前，有些人會有很多女朋友或男朋友，有些人一開始就找到了，有些人則一生都遇不上。

只有一個人會叫我結婚，那就是我媽媽。

可是，你不一定要有伴侶，才能有幸福快樂的生活。

如果兩個人決定了一起度過餘下的人生，很多時他們都渴望生小孩。於是，嬰兒的誕生，使生命的循環又重新開始了。

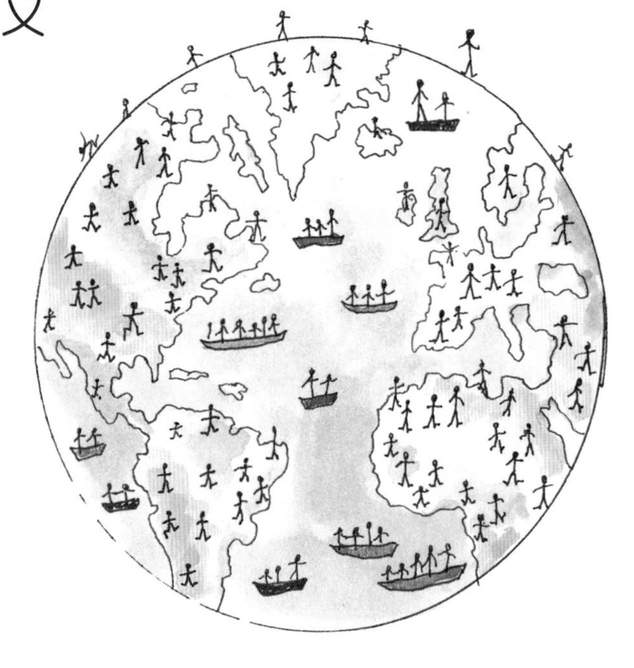

不過，也有很多人不想當父母，因為世界上的人口已經夠多了。這樣的想法也沒有錯。

人類太多，
貓咪太少。

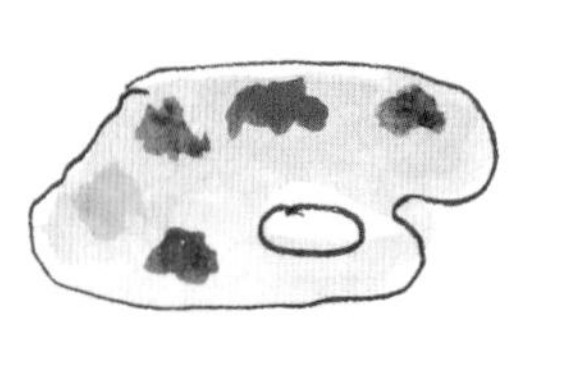

中年時期

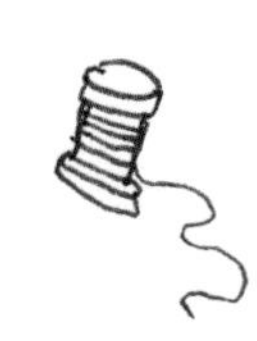

D.I.Y.

小寶寶長大成為青少年的時候，他們的父母正處於中年時期，人生幾乎過了一半。很多事情會在他們身上發生……

他們可能和原本的伴侶分開，找到新的伴侶，然後組織新的家庭。

他們可能在事業上獲得巨大的成就，又或因違反法律而被判入獄，要與家人分開。

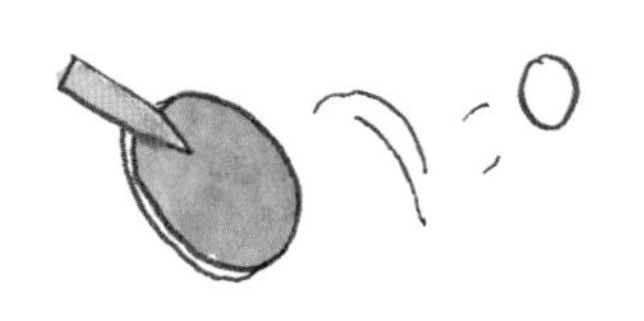

哈姆雷特

他們可能轉換了職業，或因失業而需另找工作。

你被開除了！

他們可能在工作以外找到自己的興趣，例如跳舞、做運動、繪畫、園藝等等。

也有可能，他們只是喜歡跟朋友到外面遊玩、聽音樂會、看舞台劇、參加節慶活動，或者去度假。

我的孩子已獨立了，我可以做自己喜歡的事啦！
我沒有小孩，所以很多年來我都是這樣做。

莫札特

老年時期

青少年長大後會離開家裏，有些人會組織自己的家庭。於是，他們的父母有機會成為祖父母。

8:00 瑜伽
9:30 西班牙文
11:00 陶藝班
1:00 午間讀書會
2:30 圖書館
4:00 舞蹈班
7:30 劇場
沒有孫兒也不要緊，
我實在太忙了！
日記

當了祖父母之後，樂趣可多了，因為可以享受和小寶寶一起的快樂時光，但在晚上仍能好好地睡覺！

孫兒實在
太有趣了！
對啊！你看我們
玩得多開心！

隨着年齡增長，老年人的身體和腦袋可能出現問題。他們會生病，或忘東忘西的。

噢！
你的鞋子不是住在冰箱裏的。

有些老人一直都很健康，甚至能發展新的事業或興趣。如果應付得來，老人不一定要放棄工作或退休，尤其是那些與年紀無關的工作。

我正在寫我的論文呢！
爺爺，來跟我們玩吧！
我是很多貓咪的爺爺的爺爺的爺爺……

離世

到最後，所有人的身體都會衰老，人會死亡。這是正常的現象。如果所有人都長生不老，世界上就不夠空間去容納新生的人了。

長眠

死亡是很神秘的，沒有人真正了解它。要解釋的話，可以說是生命走到了盡頭。那時，人會停止呼吸，心臟不再跳動，身體裏的血液也不再流動。所以，他們不能說話、不能活動，沒有任何感覺。他們已經離開這個世界，長久地睡着了。

你家裏曾有寵物離世嗎？貓和狗的生命比人類短得多，所以遠在我們離世之前，也能認識到一些關於死亡的事情。

他以前很喜歡
游泳的。
小魚，
安息吧！

有些人不幸地在變老之前就死了。他們可能遇上意外，或者患病，導致生命變得短暫。有些人則很長壽，甚至超過100歲了！

雖然有些人已經離世很久了，但我們還會記住他們——他們是個怎樣的人、做過什麼事、說過什麼話。

那是你的外婆，
那時她跟你現在
一樣大。

生命的延續

我們可能藉着子孫後代，一代又一代地長久活着。我們也可能因為做過某些事，而被長久地記念。

其實，無論貧窮或富有、有名或無名、已婚或單身，我們都有自己活着的價值。

蹦跳
抱抱
玩耍
高興
閱讀
跳舞
想像！
享受
跳躍
奔跑
擁抱
靜靜地
思考
笑
開心

讓我們來創造自己的人生，保持愉快的心境，也使身邊的人快樂起來吧！

人生就是活在當下，好好享受每一天吧！

蹦蹦跳跳
滿足
單腳跳！
唱歌！
抱抱
玩！
呼嚕
善良
玩耍！
大笑
繪畫
開心
夢想
跳舞！
哈哈哈
玩耍

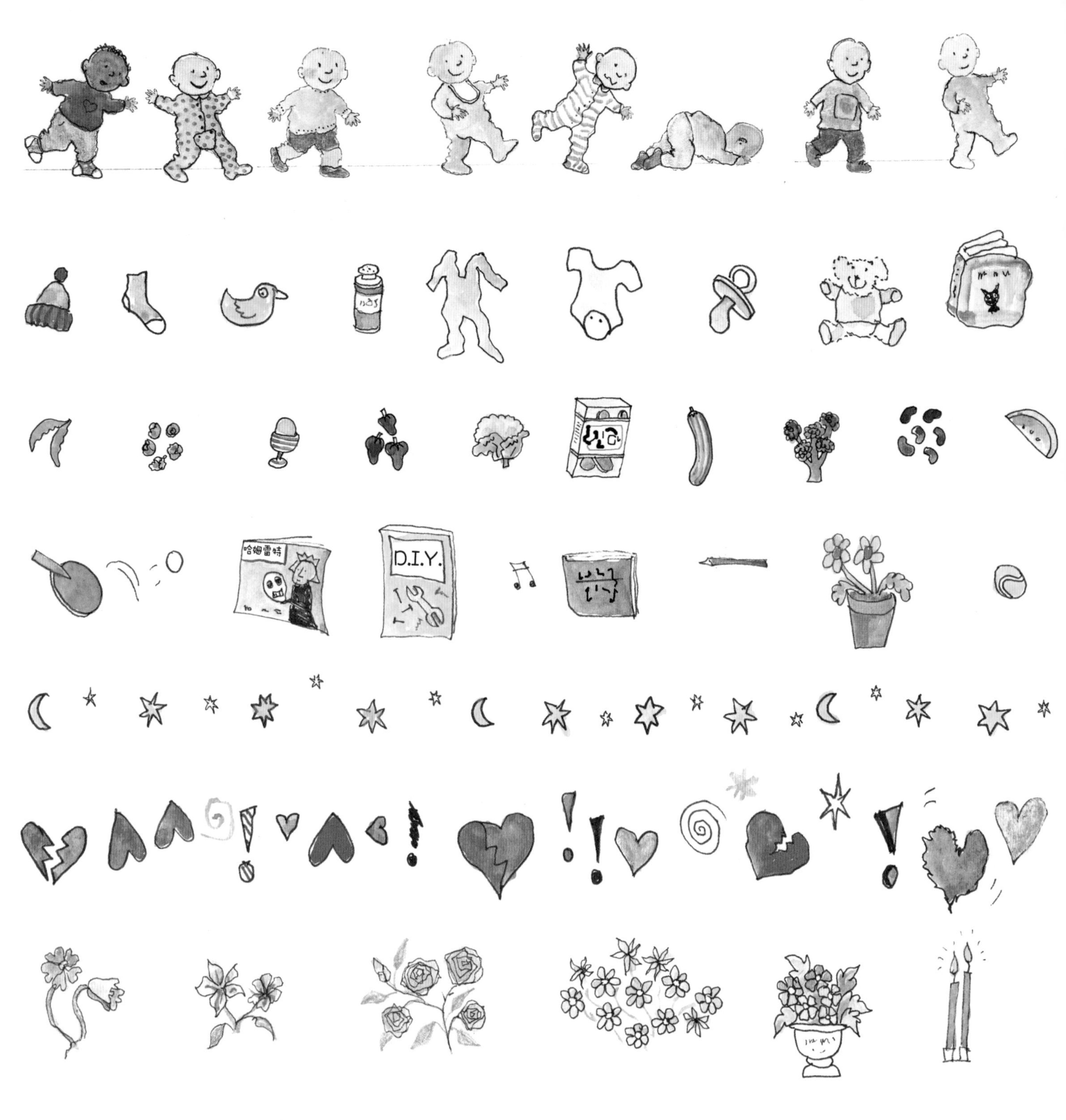
哈姆雷特
D.I.Y.

盒裝紙巾

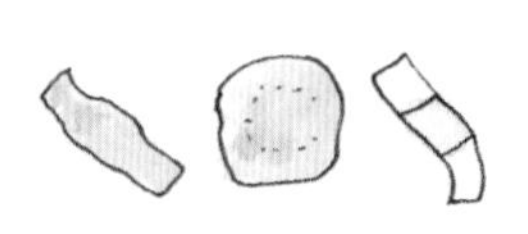

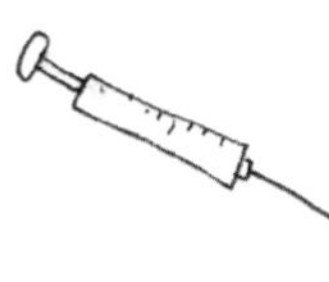

藥水

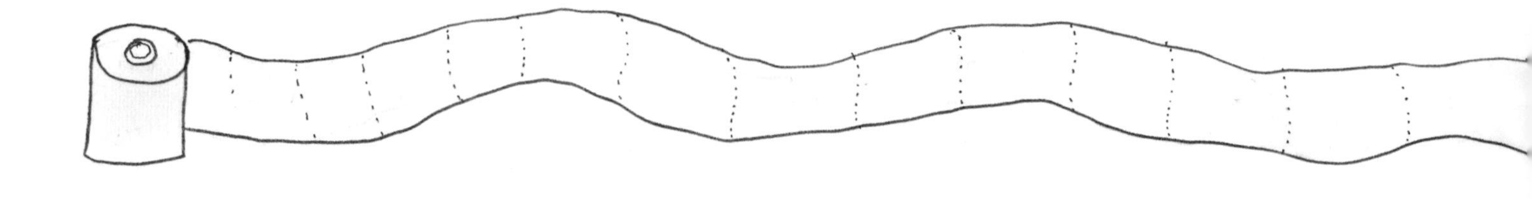